開往春天的列車 鐵路

檀傳寶◎主編　葉王蓓◎編著

中華教育

目　錄

它是鋼鐵漢子，鐵骨錚錚，翻山越嶺不在話下；搭起城市軌道交通。它就是我們的鐵路。

列車一

冒煙的怪物

中國的第一條鐵路

世界上第一條鐵路是英國人建的。

中國的第一條鐵路,竟然也是英國人修建的!

這個故事講起來很有意思。那時候正好是清末,有很多英國人在上海做生意。為了掙得更多的金錢,他們的船總是要裝很多的西洋貨物。長此以往,船噸位變得很大,逐漸沒辦法沿着黃浦江開進上海市的中心,只好停靠在吳淞碼頭(現在上海寶山區)。

英國商人們把遠道運來的貨物,比如漂亮的歐式家具,從大船上抬下來,搬到小點的船上,再運往現在南京路一帶的店鋪裏。

那時候,上海城裏最主要的運輸方式是水運。遺憾的是,上海的河道常常淤塞,疏通起來很困難。時間就是金錢呀!外國的生意人等得很心急。他們商量,乾脆修一條從碼頭到市裏的

鐵路來運貨，那多方便啊！可是，頑固守舊的清政府怎麼會答應修建這樣的洋玩意呢？

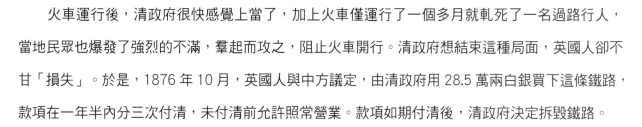

於是，英國商人們想了一個辦法，騙清政府說想修一條從吳淞通向市區的「尋常馬路」。於是打着「馬路」的名義，鐵路就開始建了。

1876 年 6 月，全長 14.5 公里的吳淞鐵路全線完工，7 月 1 日正式通車營業。這是一條軌距為 0.762 米的窄軌鐵路，採用每米重 13 公斤的鋼軌，列車速度為每小時 24~32 公里。

火車運行後，清政府很快感覺上當了，加上火車僅運行了一個多月就軋死了一名過路行人，當地民眾也爆發了強烈的不滿，羣起而攻之，阻止火車開行。清政府想結束這種局面，英國人卻不甘「損失」。於是，1876 年 10 月，英國人與中方議定，由清政府用 28.5 萬兩白銀買下這條鐵路，款項在一年半內分三次付清，未付清前允許照常營業。款項如期付清後，清政府決定拆毀鐵路。

拆毀的吳淞鐵路產生的一些建設材料，本來清政府不想浪費，而是準備拿來修築台灣鐵路。後因種種原因，台灣鐵路不能開工，吳淞鐵路的這些設備器材在台灣海灘上無人問津，一直擺放了十幾年，枕木已逐漸被白蟻蛀空，機件和路軌已經蓋上一層鐵鏽，車廂也朽爛。直到 1883 年，這批材料又運回上海，再從上海運到開平礦區（今河北唐山境內）作為開平鐵路之用。

不管第一條鐵路命運如何，鐵路終於在中國出現了，成為後來一種重要的交通工具。

《申報》對吳淞鐵路的跟蹤報道

對於吳淞鐵路從修築到拆毀，《申報》給予了詳細的報道，吳淞鐵路的命運一時成為大眾關注的熱點。

1876年6月吳淞鐵路告竣，《申報》1876年6月14日第一版載《鐵路告成》一文：「本埠恐火輪車路已至江灣鎮，相傳西曆七月初一日慶賀落成，可以駛行矣。再俟半月則直達吳淞，來往之客隨時附坐火車，頃刻往還，不啻身有羽翼也。」

驢拉火車

現在，我們來講講中國真正意義上的第一條鐵路，那是由李鴻章修建的從唐山到胥各莊的唐胥鐵路。

鐵路修好通車不久，清政府就覺得火車「機車直駛，震動東陵，且噴出黑煙，有傷禾稼」，對其意見非常大。不過還好，這次他們沒有決定拆掉鐵路，畢竟開平礦區盛產的煤礦，海上的輪船都要用，而且火車運煤的優勢是很明顯的。

但是清政府仍然禁止使用冒黑煙的怪物（機車）來拉火車！那火車靠甚麼來拉動呢，清政府說，改用驢和馬拖着運煤的火車走。

因此，十分滑稽的故事就發生了：幾頭馬和驢，拽着長長的運煤車在鐵軌上艱難地挪動，這也就是歷史上出名的「驢拉火車」的故事。

其實坐火車很舒適。

李鴻章為了說服清代一些守舊的官員，就邀請他們乘坐「龍號」機車。官員們感覺機車牽引的火車舒適、安全、可靠，終於在 1882 年又允許使用機車牽引了。

中國第一台機車

「龍號」機車，也被稱為「中國火箭號」，是中國的第一台蒸汽機車。在清代許多守舊官員乘坐過它之後，封建中國「驢拉火車」的滑稽劇才結束了。

「龍號」機車非常漂亮，頭上刻有一條龍。不過，你可能不知道，它是胥各莊鐵路修理廠工人們用廢鍋爐改造的。而這條龍，是為了堵住清代守舊派的嘴巴，才刻上的。它退役後，一直放在北京。後來1937年抗日戰爭爆發，它便離奇地失蹤了。

現在，唐山火車頭紀念碑上刻着一句話：「中華鐵路，師夷之技，源唐胥始，於龍號起，幾多艱難，歷經風雨。」這個句子，提到了兩樣東西，你能從驢拉火車的故事裏找到嗎？

是的，這句話紀念的是「龍號」機車、唐胥鐵路，還有我們中國人當時發現落後挨打，開始「師夷之技」（學習外國人的技術）的故事。現在讀到這個句子，讓人聯想起中國在過去百年裏為了國家富強，經歷的艱辛和努力，真讓人感觸良多啊！

▶「龍號」機車模型

慈禧坐火車

其實，不止清代的官員們，慈禧太后和光緒皇帝也都坐過火車。1902 年，他們帶着皇宮裏的各式人員，乘坐為皇家準備的特別列車，回到了北京久違的家。

這一路上，他們百感交集。為甚麼呢？話說，1900 年，八國聯軍攻進北京的時候，他們倉皇逃出北京，一路逃到西安。一晃十幾個月過去了，八國聯軍終於願意講和了，他們才可以回家。

慈禧，是非常守舊的，她覺得洋人、鐵路都是禍害中國的東西。但是，這次回北京，慈禧竟然決定乘搭比利時鐵路公司的火車回去，也不知道是不是為了討好洋人，表示友善。

慈禧坐的火車非常豪華，一共 21 節車廂，9 節裝滿寶貝，都是她逃到西安時一路上搜刮來的。她一個人還要坐一節單獨的車廂。

其他人可就沒有這麼舒服了。一起回北京的王公大臣們人數非常多，卻只能擠在 1 節車廂裏，一路擠回北京。

慈禧下火車的方式，肯定是世界上少有的。還沒有到終點，她就聽占卜師們安排，中途下了車，換轎子進北京。讓比利時鐵路公司吃驚的事情還有呢，慈禧出手非常的「大方」，下車的時候，慈禧命令隨從拿出 5000 個大洋獎賞鐵路方面有關人員，還另外獎賞了比利時火車公司一枚雙龍寶星。

坐火車觀光真是極好的。宮裏確是悶極了。

別看風景了，我們都坐不下了，太擠了！

八國聯軍侵華

八國聯軍侵華戰爭是指1900年（清光緒二十六年）英、法、德、美、日、俄、意、奧等國派遣的聯合遠征軍，以鎮壓中國北方義和團運動為名而入侵中國所引發的戰爭。八國聯軍的行動，直接造成義和團的消滅，以及京津一帶清軍的潰敗，迫使慈禧太后挾光緒帝逃往陝西西安。八國聯軍在北京大肆屠殺、掠奪。

▲ 圓明園遺址

最終，清廷與包含派兵8國在內的11國簽訂《辛丑條約》，付出巨額的賠款，並喪失多項主權。中國也從此徹底淪為半殖民地半封建社會。現在，我們走進經過英法聯軍搶掠焚燒數十年後，在八國聯軍入侵期間又遭洗劫的圓明園，目睹遺址美麗而殘缺的石柱，留在我們心中的是無限的惋惜和對歷史深深的反思。

中國第一條真正意義上的鐵路

八國聯軍入侵後，國內要求保衛路權、自修鐵路的呼聲越來越大，清政府終於決定自行興建第一條完全由中國人自行設計施工的鐵路——京張鐵路，並委派鐵路工程專家詹天佑主持設計。

▲ 作為京張鐵路的總工程師，詹天佑創造性地運用了「人」字型鐵路，使火車能在山區陡坡通行。

京張鐵路連接北京豐台，經八達嶺、居庸關、沙城、宣化等地至河北張家口，全長約200公里。修建這條鐵路的工程艱巨，但鐵路從1905年9月開工修建，於1909年建成，總建設時間不滿4年，而且完全沒有使用外國的資金和人員。這條鐵路的建成，在中國鐵路史上意義非凡。

名人扎堆的火車站──前門站

現在，故宮外面有一座歐式建築的藍房子。它是中華人民共和國成立之前北京最大的火車站是正陽門東車站，老百姓叫它前門火車站，始建於 1903 年，光緒三十二年建成並啟用。1912—1924 孫中山兩次抵京，均於正陽門東車站下車。1937 年後，先後易名為前門站、北平東站、北京站。

前門火車站是一個時代的印記，這裏發生過太多大事件，來過太多的名人。

那些人：張勳

辛亥革命剛過去 6 年，就有個叫張勳的人率軍入京擁廢帝溥儀復辟，佔領過這個車站。

> 這幫兵爺既不坐車，也不接人，堵在這做甚麼喲？

> 喏，他們要把下了台的皇帝再送回皇帝寶座。

那些事： 張勳復辟

1917年6月14日，張勳率5000「辮子兵」，借「調停」為名進入北京。同月30日，張勳趕走了當時的大總統黎元洪，把12歲的溥儀抬出來宣佈復辟。這就是史家稱的「張勳復辟」。結果復辟僅12天就失敗了。

那些人：孫中山、馮玉祥

又過了 7 年，一個叫馮玉祥的人發動北京政變，又佔領了這個車站，還在車站內安營紮寨「過日子」，火車運輸中斷了十天。後來，馮玉祥發電報邀請一個人來北京，他到火車站的時候，有三萬多「粉絲」迎接，這個人就是孫中山。

呵，哪個明星來了，這麼多粉絲來接？

待會他出來，你自己看吧！

孫中山與故宮

孫中山領導的辛亥革命（1911年）推翻了清代統治。皇帝雖退位，但是仍住在紫禁城。北京政變（1924年）把皇帝趕出紫禁城，徹底鏟除封建帝制。從此以後，紫禁城也稱故宮，顧名思義，為過去的宮殿的意思。

那些人：程硯秋

文化名人也愛「出沒」在這個火車站。寫小說的沈從文，給《黃河大合唱》譜曲的冼星海，京劇的名角程硯秋等，太多太多的名人都在這個火車站扎堆往來。在這裏，關於程硯秋，還有件趣事。1942年，程硯秋在上海結束演出後回北平，在火車站遭到傀儡政府警察的圍堵。四個警察希望用武力逼迫程硯秋答應為傀儡政府演出，卻被從小習武的程硯秋打倒。

那些事： 梅蘭芳蓄鬚抗日

程硯秋與梅蘭芳、尚小雲和荀慧生一起被譽為中國「四大名旦」。

梅蘭芳與程硯秋一樣具有抗日的情懷。1937年日本發動侵華戰爭後，梅蘭芳開始堅決拒絕登台演出，不給日本侵略者表演，即使生活也因停演變得窘迫，日本人和漢奸還上門說服，梅蘭芳也沒有退卻。他想了一個辦法，就是留起了鬍子，這樣就沒有辦法再登台演旦角了。直至1945年抗戰勝利，梅蘭芳才刮去鬍子。

不怕，是個習武之人。

哎，小心啦。來了四個壞蛋。好像還帶傢伙了！

後來，中華人民共和國成立以後，隨着中國鐵路運輸的發展，北京站落成。這個美麗的藍房子，現在成為了中國鐵道博物館正陽門館。

帶着南瓜，漂洋過海修鐵路

在過去，關於鐵路的故事不僅發生在國內。接着，我們就講講從中國南方，漂洋過海，去美國修鐵路的中國工人吧！

廣東、福建一帶，在清代末年有許多窮苦的農民背井離鄉，輾轉來到香港，搭上輪船，渡過太平洋去大洋彼岸的美國謀生。

那時候的美國，東海岸和西海岸之間也存在路途遙遠，聯繫困難的問題。寫小說的凡爾納抱怨過，從紐約到舊金山，最順利也要 6 個月才能到！當時，美國東西部被崇山峻嶺、浩瀚沙漠隔開，距離超過 4500 公里，沒有便利的交通路線。地理原因使西部成了美國相對獨立的地區，不僅經濟發展受到影響，也成為國家穩定統一的隱患。

正是大量中國工人的到來，幫助美國修建一條叫太平洋的鐵路，使得美國在 1869 年就開通聯繫東西海岸的鐵路，這在一定程度上促進了美國的統一。

這些中國工人乘坐的前往美國的輪船，卻被叫作「浮動地獄」。因為，一旦登上輪船，航行長達兩三個月，每天休息的空間不到一呎，大家像住沙甸魚罐頭一樣，擠在一起。最開始的時候，等船靠岸的時候，人就死掉了一半。後來，大家有了經驗，上船的時候，就帶上南瓜，在海上超出生理極限的情況下，它可以補充營養、水分，甚至不慎落水還可以用它當救生圈。

　　參加太平洋鐵路建設的中國工人，犧牲也很慘重。至今，流傳着一句這樣的話：每一英里鐵路下，就埋有一個華工的屍骨。1991 年的時候，美國捐贈了一座中國鐵路華工紀念碑，現在立在上海廣元路衡山路口街頭花園。碑體由當年建設鐵路的 3000 枚道釘實物焊成，以此來紀念 13 000 餘名為建設美國橫貫大陸東西太平洋鐵路而獻身的華工。

　　法國著名科幻小說家凡爾納在他的《八十天環遊地球》裏也提到太平洋鐵路修建的意義：如果沒有它，八十天環遊地球的夢想永遠只是夢想而已。過去，從紐約到舊金山最順當也要走 6 個月，而鐵路建成後只需要 7 天。

百年鐵路興衰史

讓火車過江

講了這麼多早期鐵路的故事，我們現在來看看，鐵路是怎麼樣把我們國家這麼廣闊的土地連起來的，還有，連接起來很重要嗎？

這裏，我們就講眾多鐵路中的一條——京九鐵路（北京—香港九龍）吧！它從提議修建落成，用了一百多年的時間！

最早，香港銀行家韋寶珊提出修建建議，被保守的清政府否決了。到了清代末年的時候，中國的領土被帝國主義列強瘋狂地瓜分。領導辛亥革命的孫中山希望建設聯繫南北的鐵路，他說鐵路連接各地，可以「為國家統一之保障⋯⋯不復受各國之欺侮」。可是連年戰爭，修建鐵路的計劃被迫停止。

1958 年，根據毛澤東指示，中國第一任鐵道部部長滕代遠提出了一個偉大構想：修建從北京到九江的，位於京廣、京滬之間的第三條南北鐵路大幹線。隨後鐵道部把京九鐵路納入國家鐵道建設規劃。但由於歷史原因，這一計劃擱淺。

▲京九鐵路

但困難總是要克服的，1973 年，當時最長的橫跨長江大橋——九江長江大橋動工，結果建了 10 個橋墩，錢就不夠了，沒有繼續建設。一直到了 1993 年，這個大橋才建成。

後來，香港快要回歸祖國了，中國用「宇宙速度」修建了連接北京、香港的鐵路。短短 3 年後，京九鐵路通車，北起北京西客站，跨越京、津、冀、魯、豫、皖、鄂、贛、粵九省市的 103 個市縣，南至深圳，連接香港九龍。

2018 年 9 月 23 日，廣州到香港的廣深港高鐵段通車，這標誌着香港特區政府正式加入國家高鐵網絡，步入高鐵新時代。

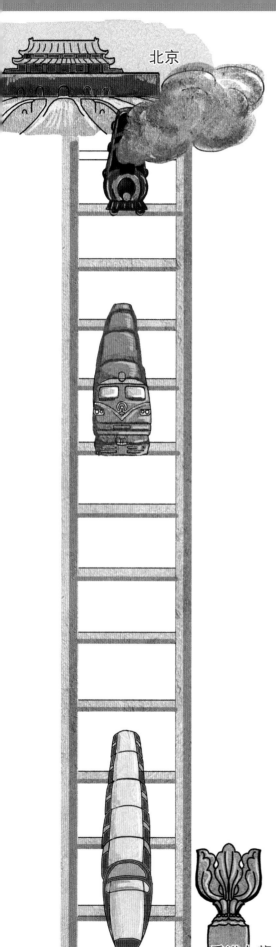

北京

香港九龍

韋寶珊提出修鐵路，連接北京和香港。

火車不吉祥，罷了！

◀1890年，韋寶珊希望建一條連接香港和中國內地的鐵路，方便貿易，但被否定。

1907年

1907年，九廣鐵路興建計劃啟動。

1912年

孫中山希望建一條南北鐵路，但連年戰爭讓計劃擱淺。

1958年

1958年，計劃再次擱淺。

1973年

▲1973年至1993年，能讓火車通過長江的九江長江大橋終於建好。

1993年

1996年

1996年，京九鐵路通車。

2012年

2012年，京九鐵路完成電氣化改造。

13

最美的鐵路

　　前面說到的京九鐵路不僅是一條縱貫南北的交通大動脈，也是一條風景優美的旅遊熱線。沿着京九鐵路，我們會經過荊軻的故鄉涿州，武松的故鄉清河。再走着，到了宋江的老家鄆城，中間還有武松打虎的景陽岡，緊跟着的是牡丹甲天下的菏澤。跟着火車再往南走，越過長江，會經過革命聖地南昌、井岡山、粵北革命老區……最後才到達香港。

　　現代的交通發達，乘坐飛機可以快速到達目的地，但很多人卻有着火車情結，去哪裏都願意選擇火車。這樣做大概是因為能欣賞到火車沿線的美麗風景吧！

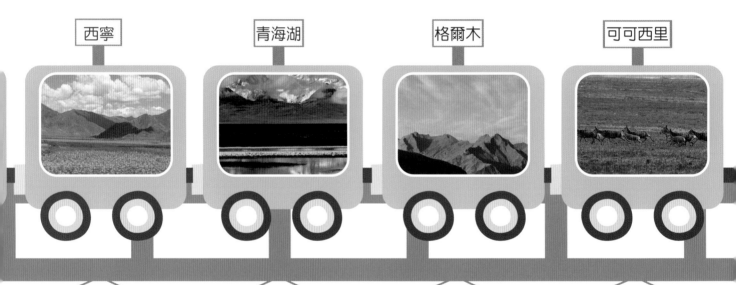

西寧　　青海湖　　格爾木　　可可西里

出發：西寧

　　火車駛出西寧，兩旁是成片的油菜花田，遠處綠野接遠山，大片羊羣悠閒地漫步在山間，像融化的點點白雪。這時你可以把照相機準備好，有許多美景正在等着你。

路經：青海湖

　　列車沿着青海湖前行，窗外藍色的湖水如綢緞拉開。春天的青海湖，遠遠能看見回歸的候鳥在湖上掠過。油菜花沿湖怒放，金色的花海伸向遠方……

路經：格爾木

　　列車到達這一站，說明你已進入青藏高原。列車在過格爾木後開始為旅客供氧氣。

路經：可可西里無人區

　　睡到自然醒，列車已經進入可可西里無人區。遠處的高山上白雪皚皚，雲彩如蒸騰的霧氣纏繞山腰，在陽光的照耀下，折射出奇異的紅、黃、綠、紫色的光。突然，一羣藏羚羊出現在車窗外，這裏是著名的藏羚羊保護區。

我國有一條火車線路被人稱為世界最美火車線路之一，這就是青藏鐵路。有人說，去西藏的目的，不是為了終點，而是因為一路的風景足以讓你震撼！坐上青藏鐵路火車，一路上你可以看到大片金燦燦的油菜花圍繞在湛藍的青海湖邊，藍白映襯，美得讓人窒息。翻過唐古拉山，沱沱河、日落、措那湖……以及偶遇的野生動物，讓人應接不暇。

讓我們坐上火車，從西寧去拉薩，一起感受那沿途最美的風景。

措那湖

那曲草原

拉薩

路經：措那湖

進入措那湖，西藏為人們展開一幕巨大的畫卷，粗獷的遠山緊緊擁抱着寧靜的湖水，成羣的氂牛、藏羚羊沿着蜿蜒的湖岸線吃草。陽光下，湖面折射出神祕莫測的波光。

路經：那曲草原

告別了冬天的寒冷，草原萌發生機，春天的草場隨處可見放牧的氂房。英俊的那曲小伙子身穿藏裝，腳踏摩托車沿着青藏鐵路放牧。

到達：拉薩

一起數數那些「第一」

1949 年以前，中國鐵路的建設是緩慢的。1949 年以後，中國鐵路建設開始步入了新的發展時期，創造出許多的「第一」，讓我們自豪地數一數這些載入史冊的「第一」。當然，有些答案需要自己去尋找。

中華人民共和國成立後修建的第一條鐵路

20 世紀 50 年代初，中華人民共和國政府決定填補西部地區的鐵路空白，開始建設成都到重慶的成渝鐵路。這條鐵路 1950 年 6 月開工建設，1952 年 7 月通車，成為中華人民共和國成立後修建的第一條鐵路。

▲ 成渝鐵路建成通車

全國第一條電氣化鐵路

寶成鐵路北起陝西省寶雞，南行達四川省成都，全長 669 公里，是溝通西北與西南的第一條鐵路幹線。也是突破「蜀道難」的第一條鐵路。寶成鐵路於 1952 年 7 月 1 日在成都動工，1958 年建成通車，1975 年 7 月完成鐵路電氣化工程改造，成為全國第一條電氣化鐵路。

▲ 寶成鐵路運輸繁忙

舉世罕見的鐵路工程

有一條鐵路自四川省成都至雲南省昆明，全長約 1100 公里。1958 年 7 月開始動工，經歷種種困難後，於 1970 年 7 月 1 日全程貫通。這條鐵路建設工程的艱巨浩大，舉世罕見。這個艱巨宏偉的工程，榮獲國家頒發的「科學技術進步特等獎」。這條鐵路是＿＿＿＿＿。

▲ 火車正在穿越全線海拔最高的隧道——沙木拉達隧道。

中國唯一一條運輸專線鐵路

大秦鐵路建於 1985—1997 年，是中國唯一一條＿＿＿＿運輸專線鐵路。鐵路自山西省大同市至河北省秦皇島市，全長 653 公里，平均不到 15 分鐘，就有一列列車呼嘯而過。

◄ 大秦鐵路到底是運輸甚麼物資的？

高鐵的第一

2008 年中國擁有了第一條時速超過 300 公里的高速鐵路——＿＿＿＿，2009 年又擁有了世界上一次建成里程最長、運營速度最高的高速鐵路——＿＿＿＿。中華人民共和國成立以來一次建設里程最長、投資最大、標準最高，貫通三省四市的高速鐵路——＿＿＿＿。

  A.武廣客運專線   B.京津城際鐵路   C.京滬高鐵

火車代碼的祕密

如果你坐火車時注意觀察，你會發現每列火車都有一個編號，這個編號是為了區別不同方向、不同種類、不同區段和不同時刻的列車。這個編號一般由一個英文字母和阿拉伯數字組成。英文字母表示列車種類，阿拉伯數字表示車次。

火車的編號裏的學問可多了，我們來了解編號裏英文字母的含義：高速動車組（G）、城際高速（C）、動車組（D）、直達特快旅客列車（Z）、特快旅客列車（T）、快速旅客列車（K）、普通旅客列車（四位數字車次）、旅遊列車（Y）、臨時旅客列車（L）。沒有英文字母的 4 位數字代表普通列車。

了解了這些基本知識，你能知道下面幾種列車的基本信息嗎？

G1001次	D105次
這是從武漢到深圳北的高鐵	這是從上海到長沙的 _____

K2058次	2051次
這是從成都到烏魯木齊的 _____	這是從大連到牡丹江的 _____

火車沿線會經過很多的車站，你會發現：有些車站停靠時間長；有些車站停靠時間短；有些車站列車會飛馳而過，不做停留。這是為甚麼呢？原來我國的車站還按照車站所擔負的任務量，以及它在國家政治、經濟方面的地位被劃分為特等站（特等火車站）、一等站、二等站、三等站、四等站、五等站六個等級。比如北京、上海、廣州等交通樞紐的車站就是特等站。

　　如果你細心觀察，各地的火車站不論大小，都會具有濃厚的地域和人文特色。比如，京九鐵路香港段（也叫九廣鐵路），因為香港曾經歷過英國的殖民統治，所以沿線的各個火車站，建築外形均屬於英國式車站。不過，其中有一個例外，那就是大埔墟火車站。

　　因為這裏原來是華人聚居區，當時修築鐵路的英國人，為了讓當地居民接受興建火車站，只好設計了中國風格（主要為嶺南風格的廟宇、祠堂建築形式）的大埔墟火車站。它有別於其他車站的西式建築風格，牆上刻有中式花紋，門樓屋脊及兩旁的牆上有蝙蝠、牡丹及喜鵲等泥塑，寓意吉祥。

▲ 屋脊是大埔墟火車站最大的特色。

　　發揮想像，為你所在城市的火車站設計一個有特色的站台吧！

　　　我的家鄉是 _____ ，我想把火車站設計成 _____ 。

城市交通的好幫手

張愛玲樓下的叮叮車

　　讓我們把視線從祖國廣闊的土地，甚至太平洋彼岸拉回來，來看看我們居住的一個又一個的城市。在城市裏，我們也讓車輛（當然，常常沒有火車那麼長）在固定的導軌上運行，我們叫它們城市軌道交通，它們是火車的親戚。

　　我們先來看看很早就出現在城市的一種軌道交通方式：有軌電車。20世紀初的時候，電車風靡世界。住在上海的張愛玲女士是個作家，她住在愛丁頓公寓（現名常德公寓）。離她家不遠的地方，就是上海最早的有軌電車（1908年）起點站，在靜安寺路（現南京路）上。張愛玲說，她最喜歡趴在陽台上，看着「電車回家」：

　　一輛銜接一輛，像排了隊的小孩，嘈雜，叫囂，愉快地打着啞嗓子的鈴：「克林，克賴，克賴，克賴！」吵鬧之中又帶着一點由疲乏而生的馴服，是快上牀的孩子，等着母親來刷洗他們。車裏的燈點得雪亮。專做下班的售票員的生意的小販們曼聲兜售着麵包。有時候，電車全進廠了，單剩下一輛，神祕地，像被遺棄了似的，停在街心。從上面望下去，只見它在半夜的月光中袒露着白肚皮。

▲現在的常德公寓

現在的上海，比起張女士居住的時候，不知道大了多少倍。相對比較慢的電車和它的叮噹聲已經消失在歷史中（1975年，上海拆除了最後一條有軌電車道）。只是，在香港特別行政區，張愛玲的母校香港大學附近，倒還叮叮噹噹開着有軌電車，不過是雙層的。或許，我們可以看着香港島上開了百年的電車，想像那時候的大上海。

▲ 香港電車至今還在行駛

別樣的軌道——香港山頂纜車

　　在香港還有一條非常特別的鐵路線——山頂纜車。

　　想像你正坐在香港夜晚的纜車上，從中環花園道前往太平山頂。沿着依山勢而建的路軌，纜車緩緩爬上373米高的陡斜山坡，最陡的角度有27度。你從窗戶看出去，香港美麗的夜景盡收眼底。

我國第一條地鐵

現在，很多城市裏最出名的軌道交通方式，恐怕就是地鐵了！它有許多優點：準時、迅速、運客多……

我國第一條地鐵是北京地鐵，它的規劃始於 1953 年。那時，中華人民共和國剛成立，百廢待興，而且當時，北京常住人口還不到 300 萬人，機動車也僅有 5000 多輛。大街上人多車少，人們出行多是步行或乘人力車，連乘公共汽車的人都是少數。那麼，為甚麼要在這個時候規劃修建地鐵呢？

周恩來總理曾說，「北京修建地鐵，完全是為了備戰。如果為了交通，只要買 200 輛公共汽車， 就能解決」。那是因為 1941 年德國人大舉進犯莫斯科的時候，剛剛建成 6 年的莫斯科地鐵，

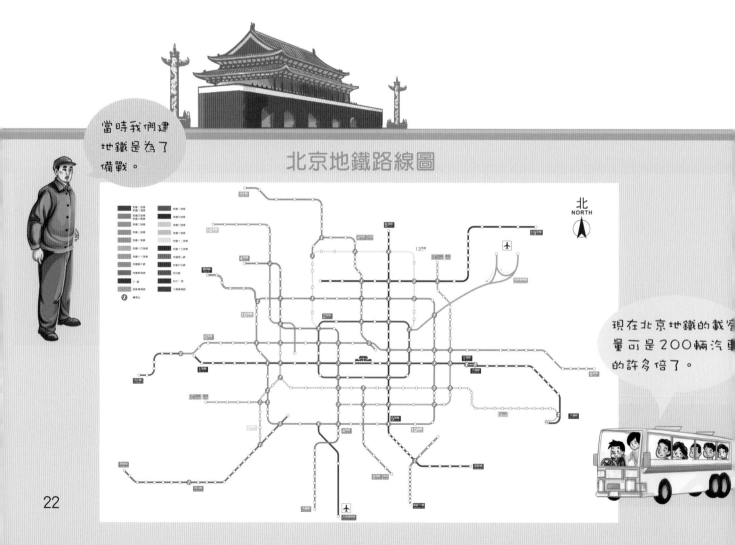

當時我們建地鐵是為了備戰。

北京地鐵路線圖

北
NORTH

現在北京地鐵的載客量可是 200 輛汽車的許多倍了。

22

不但成了莫斯科市民的避彈掩體，更成了蘇軍的戰時指揮部。這給新中國領導人很多啟發，也掀開了中國修建地鐵的序幕。

　　經過多年的修建，北京地鐵一號線終於 1969 年通車，穿過天安門底下。如今的北京地鐵已經四通八達。

　　中國地鐵的發展速度驚人，已開通地鐵的城市有：北京、天津、香港、上海、廣州、重慶、武漢、深圳、南京、成都、瀋陽、西安、蘇州、昆明、杭州、哈爾濱、鄭州、長沙、寧波、佛山、無錫、常州、大連、長春、台北（台北捷運）、高雄（高雄捷運）等多個城市。

中國地鐵之最

　　北京地鐵：規劃始於1953年，工程始建於1965年，最早的線路竣工於1969年，是大中華地區第一個地鐵系統。2013年，北京地鐵年客運量突破32億人次，居全球第一，日均客流量過千萬已成常態。2013年7月日均乘客量975.03萬人次，2014年3月，工作日日均客運量在1000萬人次以上，並且在2014年4月30日創下單日客運量最高值，達到1155.95萬人次。

　　長春地鐵：1939年，偽滿洲國《大「新京」都市計劃》規劃建設120公里的長春環城地鐵。長春是中國第一個有地鐵規劃的城市。

　　香港地鐵：是全球獨一無二最具商業價值的地鐵，經濟效益十分可觀。2019年香港地鐵每日平均乘客量約為468萬人次，成為世界上最繁忙的鐵路系統之一。

　　天津地鐵：老地鐵（現天津地鐵一號線）最淺處埋深僅2米，可謂世界上埋深最淺的地鐵。

　　重慶地鐵：重慶軌道交通6號線，有一座埋深超過60米、深度居全國地鐵站第一的車站——紅土地站。車站內電扶梯的提升高度達到60米。

　　武漢地鐵：武漢軌道交通2號線是我國首條穿越長江的地鐵。

　　蘭州地鐵：蘭州軌道交通1號線是我國首條穿越黃河的地鐵。

城市越來越大，汽車越來越多。路面的交通堵塞問題也越來越嚴重了。我們不可能永遠不休止地在地面建路。地鐵，為我們提供了一個解決方法。

地鐵在各個城市的地下蔓延，編織出便捷的交通網。這天，來自各地的地鐵在開會，大家講起各自的故事。

來自南京的地鐵俠沉默地坐在窗邊，上海的暢暢說：「大俠，在想甚麼高深招數？」地鐵俠說：「招數？給你出個題目：在地下 50 米的地方，鑽進長江底下，把南京南北城區連起來，順道路過江南貢院、夫子廟、明故宮、雞鳴寺、玄武湖……」

暢暢這下來勁了：「上海的地鐵不是也游過黃浦江嗎？在河牀下挖隧道就可以了嘛。」

如何在修建地鐵時還保護好梧桐樹是一個大難題。

地鐵俠：「從 1928 年開始，南京就是一座梧桐之城，城區有數不盡的梧桐樹。那時候，為了舉辦孫中山的葬禮，南京種了 20 000 多棵梧桐樹。現在，按照工程師的設計，我們要移走至少 600 棵梧桐樹。」

杭州來的地鐵寶寶插話了：「我們也移過樹的。」

地鐵俠說：「只是，我們南京人對梧桐特別有感情，市民上街護樹，最後市長說保護城市的記憶。在建設地鐵的時候特別保護樹木。」

暢暢拍拍地鐵俠的肩膀說：「那不是解決了嘛！」

南京護綠在行動

南京保護梧桐樹的行動發生在2011年3月初。當時，南京市政府因為建設南京地鐵3號線，要將南京市主城區內許多在20世紀中期栽種的法國梧桐等樹木移栽。梧桐樹移栽後的成活率較低，因此不少南京市民發出呼籲，要保護南京市內的梧桐樹。

南京梧桐護綠行動引起了政府的重視。2011年3月17日，南京市政府制定《關於進一步加強城市古樹名木及行道大樹保護的意見》，承諾市政建設「原則上工程讓樹，不得砍樹」。

南京護綠行動引起了極大的社會和輿論關注，被列為2011中國公眾參與環保十大事件之一。

▶ 梧桐樹是南京一道獨特的風景線

你所在的城市有地鐵嗎？你認為地鐵給我們的生活帶來了利還是弊？

我所在的城市 ＿＿＿＿＿＿（有/沒有）修建地鐵。

我認為修地鐵＿＿＿＿＿＿（利大於弊/弊大於利）。這是因為

＿＿＿＿＿＿＿＿＿＿＿＿＿

＿＿＿＿＿＿＿＿＿＿＿＿＿

越開越快的火車

我抬乘客從車窗上車，收費2～4毫。另外，我們還有些小規則必須讓乘客知道。

從窗戶爬上車

　　剛才說到了地鐵俠，其實在很久以前，上火車也得有一身大俠的功夫。因為坐火車的人太多，為了上車，乘客們會不經車門而是從窗戶上車。這個功夫可不是人人都會，所以早在民國時期，火車站就專門有一個行業，在站台抬人從窗戶進火車，一次收費兩毫到四毫。

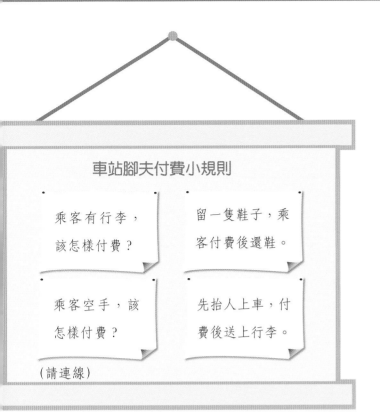

車站腳夫付費小規則

乘客有行李，該怎樣付費？

留一隻鞋子，乘客付費後還鞋。

乘客空手，該怎樣付費？

先抬人上車，付費後送上行李。

（請連線）

你該問我了，不是有門可以走嗎？

著名作家巴金寫過散文《平津道上》，說他去坐火車，提了一個大藤箱，車裏「只看見到處是人頭」。所以就出現車站抬旅客從還能擠進去的窗戶上車的行業了。

這樣的問題一直困擾着我們這個人口眾多的國家。後來，鐵路越建越多，從窗口抬人進去的現象已沒有了，但火車還是很擠，因為越來越多的人出門讀書、打工、做生意。遇到春節大家回家過年的時候，就更擠了。

你說，怎麼辦才好呢？

春運

中國在農曆春節前後會發生一種大規模的高交通運輸壓力的現象，以春節為中心，共 40 天左右。國家鐵路局、交通部、中國民航局按此進行專門運輸安排的全國性交通運輸高峯叫作「春運」。

「春運」被譽為人類歷史上規模最大的、週期性的人類大遷徙。在 40 天左右的時間裏，有 30 多億人次的人口流動，佔世界人口（約 70 億人）的 3/7，相當於全國人民進行兩次大遷移。中國「春運」已創造了多項世界之最。

每年「春運」，鐵路運輸是重中之重。中國鐵路部門為緩解購票壓力，實行實名制購票，以窗口、網絡、電話等多種渠道分散購票人羣，「一票難求」的情況有所緩解。

「春運」期間，人們返鄉情切，但火車動力有限，很多人上火車也非常困難。採訪下你的爺爺奶奶、爸爸媽媽，了解一下他們心目中的鐵路變遷。

會飛的火車

為了緩解我國火車運輸的壓力，國家想了不少的辦法，其中一個重要的辦法就是讓火車開得更快。

也許你不知道，從1997年開始，我國的鐵路已經經過了六次提速。

第一次大提速：列車運行速度有了大幅度提高，實現了歷史性突破

時間：1997年4月1日

京廣、京滬、京哈三大幹線全面提速，以北京、上海、廣州、瀋陽、武漢等大城市為中心，最高時速達140公里。全路旅客列車平均旅行速度由48公里/小時提高到55公里/小時。

第二次大提速：進一步擴大了提速範圍

時間：1998年10月1日

以京滬、京廣、京哈三大幹線為重點，最高運行時速提高至140-160公里；非重點提速區段快速列車運行時速達120公里；其他線路具備提速的區段列車運行速度也有一定幅度的提高。全路客車平均旅行速度達到55.16公里/小時。

我坐火車到北京差不多要3天。

我們去北京只要2天了。

1997年提速前，乘火車從烏魯木齊到北京要68小時

2000年第三次提速後，乘火車從烏魯木齊到北京要48小時

第三次大提速：縮短東西距離

時間：2000年10月21日

這次提速線路除京九線南北縱向外，隴海、蘭新、浙贛線均為東西橫向。全國初步形成了覆蓋全國主要地區的「四縱兩橫」提速網絡。東西時空距離的縮短，也為如火如荼的西部大開發進程提速。

第四次大提速：提速網絡覆蓋全國大部分省區

時間：2001年11月21日

這次提速後，旅客列車運行速度有新提高。全路旅客列車平均旅行速度達到61.92公里/小時。

第五次大提速：集中體現了鐵路運輸生產力發展的新水平

時間：2004年4月18日

第五次提速後，部分路段加開了直達車，使路程時間又再縮短。全路旅客列車平均旅行速度為65.7公里/小時。

第六次大提速：讓鐵路提速惠及更多旅客

時間：2007年4月18日

省會城市之間，以及大的中心城市之間列車運行時間，比1997年第一次大面積提速前普遍壓縮一半。

我出發了，明天見。

2007年第六次大提速，現在，乘火車從烏魯木齊到北京要33.5小時

我想，我是一陣風

　　讓火車開得更快，還有一個不錯的主意，就是讓火車飛起來。

　　這可不是白日夢，現在已經出現這種能飛的火車，叫作磁懸浮列車。理論上，它的速度可以像光一樣快，儘管它沒有翅膀。

　　磁懸浮列車是怎麼飛起來的呢？

　　我們都知道，吸鐵石有南極和北極兩個磁極，還有，這兩個極具有同性相斥、異性相吸的特點。磁懸浮列車就在車廂底部裝了這樣的「吸鐵石」，利用磁鐵相斥或者相吸，使車懸浮於車道的導軌面上運行。

　　磁懸浮列車，一開動很快就可以加速到 50 公里 / 小時，在行駛短短 50 多米之後，便在軌道上懸浮起來，越跑越快。在理論上，磁懸浮列車行駛的速度可達每小時 1000 公里。當然，由於技術局限，現實中還遠遠沒有這麼快。

　　現在在上海有一條磁懸浮列車，它最快的速度差不多是 430 公里 / 小時。已經是目前陸地上最快的交通工具了。

上海磁懸浮列車路線

　　西起地鐵2號線龍陽路站，東至浦東國際機場，線路全長30公里，它是世界上第一條高速磁浮商業運行線。最高時速為430公里/小時，全程30公里僅需8分鐘，而F1賽車的最高速度約350公里/小時。

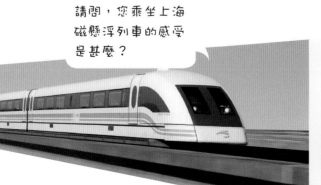

請問，您乘坐上海磁懸浮列車的感受是甚麼？

好吧，我承認，它是比F1賽車快一點點。

哦，剛才忘了告訴大家，磁懸浮列車，也是高鐵（高速鐵路運輸）的一種。從 1999 年開始，我國開始建設高鐵。二十幾年過去了，現在，我們已經擁有很多個高鐵世界之最：發展最快、系統技術最全、集成能力最強、運營里程最長、運營速度最高、在建規模最大。

我們來看看，從你家出發，搭高鐵去北京／上海，要 ＿＿＿＿＿ 個小時呢？去西寧要 ＿＿＿＿＿ 小時呢？

中國高鐵走出國門

2015年6月，中鐵二院與俄羅斯企業組成的聯合體，中標了莫斯科—喀山高鐵項目。該項目合同金額約24億元人民幣，是中國高鐵走出國門的「第一單」，也是推進國家「一帶一路」建設過程中的又一重要成就。

該段鐵路設計時速最高將達到400公里，是名副其實的地面鐵路「第一速度」。

高鐵美食之旅

　　我們的高鐵，像風一樣奔馳在各地，大幅度改變中國的時空距離。這個改變有多大？跟着這風馳電掣的高鐵，熱衷廣東點心和一口氣能吃掉半隻北京烤鴨的我就可以做到「早啖廣東茶，晚食北京鴨」。你喜歡吃的食物有哪些呢？通過這四通八達的高鐵網，你想怎麼安排呢？

　　下面是一位「吃貨」乘坐高鐵展開的美食之旅。

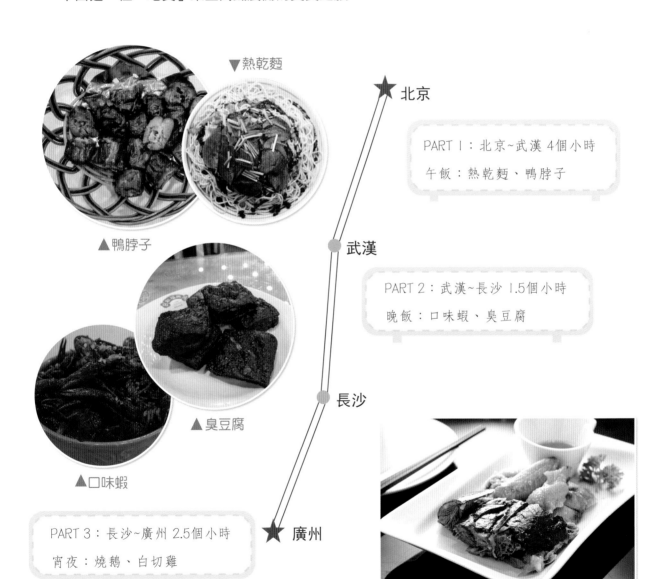

▼熱乾麵

★ 北京

PART 1：北京~武漢 4個小時
午飯：熱乾麵、鴨脖子

▲鴨脖子

● 武漢

PART 2：武漢~長沙 1.5個小時
晚飯：口味蝦、臭豆腐

▲臭豆腐

● 長沙

▲口味蝦

PART 3：長沙~廣州 2.5個小時
宵夜：燒鵝、白切雞

★ 廣州

你也來設計一條你的美食之旅吧！

▲ 燒鵝、白切雞

我的家在中國・道路之旅 ⑤

開往春天
的 列 車 | 鐵 路

檀傳寶◎主編　葉王蓓◎編著

責任編輯：楊 歌

裝幀設計：龐雅美

排　版：龐雅美　鄧佩儀

印　務：劉漢舉

出版 / 中華教育

香港北角英皇道 499 號北角工業大廈 1 樓 B

電話：（852）2137 2338

傳真：（852）2713 8202

電子郵件：info@chunghwabook.com.hk

網址：https://www.chunghwabook.com.hk/

發行 / 香港聯合書刊物流有限公司

香港新界荃灣德士古道 220-248 號

荃灣工業中心 16 樓

電話：（852）2150 2100

傳真：（852）2407 3062

電子郵件：info@suplogistics.com.hk

印刷 / 美雅印刷製本有限公司

香港觀塘榮業街 6 號

海濱工業大廈 4 樓 A 室

版次 / 2021 年 3 月第 1 版第 1 次印刷

©2021 中華教育

規格 / 16 開（265 mm x 210 mm）